AF385308

L'HOMME DE LA NATURE

ET

L'HOMME DE LA CIVILISATION

Par le Docteur MAIRE

ANCIEN CHIRURGIEN ENTRETENU DE LA MARINE,
VICE-PRÉSIDENT DE LA SOCIÉTÉ HAVRAISE D'ÉTUDES DIVERSES,
PRÉSIDENT DE LA SOCIÉTÉ DE MÉDECINE DU HAVRE,
VICE-PRÉSIDENT DE L'ASSOCIATION MÉDICALE DU DÉPARTEMENT,
MEMBRE HONORAIRE
DU CERCLE PRATIQUE D'HORTICULTURE ET DE BOTANIQUE DU HAVRE;
MEMBRE CORRESPONDANT
DE L'ACADÉMIE ROYALE DES SCIENCES DE LISBONNE;
DE L'ACADÉMIE ARCHÉOLOGIQUE DE BELGIQUE; ETC.,
CHEVALIER DE LA LÉGION D'HONNEUR, DE L'ORDRE DU CHRIST
ET DE LA ROSE.

HAVRE.

IMPRIMERIE LEPELLETIER, PLACE LOUIS-PHILIPPE, 12

1862

L'HOMME DE LA NATURE

ET

L'HOMME DE LA CIVILISATION

Il m'a semblé non seulement curieux, mais utile, d'étudier l'homme au sortir des mains de la nature et de le comparer à l'homme façonné par l'éducation et profondément modifié par la civilisation. Ce sont deux êtres tellement différents, ainsi que nous le verrons plus tard, qu'on peut se demander, sans trop de scrupule, si l'on ne pourrait définir l'homme de la nature, un animal perfectionné et perfectible.

Ce travail a pour but d'éclairer ce point encore obscur de l'histoire de l'humanité.

Il en coûte à l'orgueil, je le comprends, de se prêter à une assimilation qui blesse notre dignité, mais dans les questions scientifiques, les intérêts privés, quelque respectables qu'ils soient d'ailleurs, doivent céder la place à la vérité.

Vous le voyez, Messieurs, je ne suis guère les préceptes de

la rhétorique qui nous enseigne que l'exorde a pour but
de capter la bienveillance des auditeurs, aussi je m'empresse
de m'abriter sous le bouclier de la science.

M. Flourens dit que, par son anatomie et sa physiologie,
l'homme est un animal. Holl, dans l'encyclopédie, a écrit :
« L'homme mis en regard du règne animal se rattache d'une
manière si naturelle aux groupes supérieurs de celui-ci,
qu'on doit, en s'en tenant aux seules considérations zoologi-
ques, comprendre le genre *homo*, dans le système général
des animaux.

» En effet, ajoute-t-il, l'homme, par son organisation, par
ses fonctions de nutrition et de relation, en un mot, par son
anatomie et sa physiologie, est un animal, animal vertèbre,
mammifère. monodelphe et onguiculé. « Voilà notre blason
zoologique, à tous, nobles ou roturiers, princes ou esclaves,
noirs ou blancs, savants ou ignorants ! !

Linné a placé le genre *homo* en tête de ses primates.

Je borne à ces quelques citations la justification de ma
définition.

D'accord avec la Genèse, les études paléontologiques nous
ont appris que l'homme est le dernier venu sur la terre. La
logique de la nature voulait, en effet, que la création com-
mençât par les êtres les plus simples, — je ne dis pas les
plus petits, — et qu'elle s'élevât successivement des végétaux
aux zoophytes proprement dits, ou animaux-plantes, aux
radiaires, aux mollusques, aux insectes et aux vertébrés.
L'homme est au sommet de cette dernière classe au-dessus de
l'orang et du chimpanzé. Est-il lui-même le dernier mot de
la création ? ou existe-t-il sur d'autres globes des êtres supérieurs et qui combleraient la lacune immense qui sépare
pour nous la créature du créateur ? La philosophie des anciens
Perses semble favorable à cette supposition, que je n'ai pas

la prétention d'appuyer ; ce que je veux étudier, d'ailleurs, ce n'est point l'avenir de l'homme, c'est son passé.

A cet égard nous sommes encore dans une profonde obscurité. Les premières pages de l'histoire de l'humanité ont été effacées par le temps, et c'est à l'aide du raisonnement que la science en a reproduit quelques lambeaux. On a donc pu répondre différemment à cette première question : l'homme provient-il d'une souche unique ?

Il existe une telle différence, au premier aspect, entre un blanc, un noir et un olivâtre, qu'il semble tout naturel de déduire de dissemblances aussi tranchées, que l'homme actuel est le descendant de plusieurs races originelles distinctes. La plupart des naturalistes modernes sont de cet avis : Bory de Saint-Vincent porte à quinze le nombre des types primitifs, Geoffroy de Saint-Hilaire en compte douze; il est moindre pour d'autres. D'après Holl, et d'autres modernes naturalistes, l'homme ne constitue qu'une seule espèce et sa diversité reste dans les limites d'une seule et même nature. Quoiqu'il en soit, ces différences originelles tendent chaque jour à s'effacer sous l'influence de la civilisation qui pousse sans cesse au mélange des races ; les moyens de translation sont devenus d'ailleurs si faciles de nos jours, que pour trouver bientôt des types primordiaux, il faudra les aller chercher, non plus dans les forêts encore vierges du nouveau monde, ou dans quelque îlot perdu de l'Océanie, mais bien dans les galeries de nos musées, en attendant que les siècles les présentent à nos descendants, réduits à l'état fossile. Le monde, est encore trop jeune pour que nous puissions rencontrer nous-mêmes, ces anthropolites ; nos devanciers seuls, c'est-à-dire les animaux, se peuvent trouver à l'état de fossiles. Nous croyons, en effet, que les ossements humains, découverts à la Guadeloupe, en Sicile, ou dans les tourbières d'Irlande, ne sont rien moins que cela.

M. Boucher de Perthes, toutefois, n'est pas de cet avis ; pour lui l'homme fossile existe, et s'il n'a pu en reproduire, que je sache au moins, un squelette authentique, il a pu, cependant, dans son vaste musée paléontologique, classer des pointes de flèche en os et de nombreux silex taillés , enfouis dans le terrain quaternaire appelé *diluvium* et quelquefois même dans les terrains tertiaires antédiluviens, silex, qui attestent indubitablement les premiers essais de l'industrie humaine.

Je dois ajouter toutefois que pour l'infatigable savant dont je parle, l'homme fossile n'est pas l'homme primitif, aussi réduit-il sa question en ces termes explicites : l'homme appartient-il à la période quaternaire ? Et il la résout affirmativement.

Un mot au sujet des grandes catastrophes qui ont précédé l'homme et sur celles qui l'attendent à une époque que la science a cru pouvoir fixer mathématiquement. Le sujet m'a paru aussi intéressant qu'il est peu connu.

Il y a aujourd'hui 4203 ans et 2 mois qu'eut lieu le déluge de Noé, le seul peut-être qui eût l'homme pour témoin. Comme tous les déluges, il eut pour cause physique le déplacement des mers. Ce furent ici celles du pôle boréal qui vinrent fondre sur le pôle antarctique, entraînant avec elles d'énormes masses de glace, et ces blocs erratiques dont la présence, si loin souvent de leur mère patrie, étaient jusqu'alors un mystère géologique. Un célèbre naturaliste, Le Hon, ne compte pas moins de quatorze déluges depuis le commencement de la période tertiaire jusqu'à nos jours. Alcide d'Orbigny, parle de vingt-sept faunes détruites par vingt-sept cataclysmes.

Si nous jugeons de l'avenir par le passé, un nouveau déluge viendra rajeunir notre terre, vieillie et usée en quelque sorte par la vie. Mais vers quelle époque ce nouveau bouleversement dont la science nous menace ? Il aura lieu, d'après M. Adhémar, dans 6,300 ans ! Seulement les mers, au lieu de se déchaîner de l'hémisphère nord vers l'hémisphère sud, comme dans le déluge de Noé, suivront une marche opposée ;

ce sera notre hémisphère qui recevra les mers échappées du pôle sud, dont les terres, actuellement submergées par dix ou douze mille mètres d'eau, seront mises à découvert.

Voici son raisonnement :

1° La masse d'eau qui constitue les mers australes est quatre fois aussi considérable que celle des mers boréales.

2° La calotte de glace du pôle arctique forme un cercle de 125,000 lieues de surface, et la calotte antarctique un continent de 785,000 lieues carrées.

3° Depuis l'année 1248, l'émisphère boréal se refroidit, et l'hémisphère austral se réchauffe. La preuve en est dans l'accroissement progressif des glaces dans notre hémisphère.

Pourquoi ? Le voici : M. Elie de Beaumont avait trouvé pour cause du déplacement des mers, le soulèvement des montagnes. En admettant ce fait géologique, très contestable et très contesté, il serait bien insuffisant pour expliquer le grand phénomène des déluges. La cause est ailleurs, et, je dois le dire à l'avance, ce qui donne un haut degré de vérité à l'explication de M. Adhémar, c'est qu'elle est basée sur des données scientifiques incontestables. La voici enfin :

1° La terre décrit, en une année, une ellipse presque circulaire, dont le soleil occupe un des foyers.

2° Il y a opposition entre les deux saisons, hiver et été, dans l'un et l'autre hémisphère.

3° Les saisons ne sont point d'égale longueur, notre automne et notre hiver durent 179 jours, notre été et notre printemps 186, — différence en notre faveur 7 jours.

4° Cet avantage ne nous a pas toujours appartenu, et il échoit tour-à-tour à l'un des deux hémisphères. Ainsi, en

1248, le premier jour de l'hiver, ou le solstice d'hiver avait lieu au moment où la terre passait (pour notre hémisphère bien entendu) au périhélie, et le premier jour d'été, ou solstice d'été, au moment où elle passait à l'aphélie. Dans 3,600 ans, ce sera exactement le contraire qui aura lieu, et grâce à ce phénomène de précession des équinoxes, modifié par les attractions qu'exercent les corps planétaires sur le grand axe de l'orbite terrestre, on a pu calculer que tous les 10,500 ans l'ordre des saisons est interverti, par rapport aux points équinoxiaux et solsticiaux, de manière que chaque hémisphère jouit à son tour de l'avantage d'un printemps et d'un été dont la durée l'emporte sur celle de l'automne et de l'hiver.

Voilà, sauf quelques détails, l'exposé des principes astronomiques incontestables sur lesquels repose la théorie de M. Adhémar.

Nous continuons : l'année des pôles se compose d'un jour et d'une nuit. Le pôle nord a, en ce moment, 168 heures de jour de plus que le pôle sud, donc celui-là gagne de la chaleur, pendant que celui-ci en perd ; ainsi la différence entre les deux pôles est égale à 836 fois le calorique que la terre reçoit pendant une heure de jour ou perd par le rayonnement pendant une heure de nuit.

Répétées pendant 10,000 ans, ces 336 heures donnent un total de 3,360,000 heures, équivalant à 182 années : voilà toute l'explication de l'inégale répartition des glacières australes et boréales.

L'accumulation des glaces australes a pour conséquence de déplacer les centres de gravité et d'appeler les mers de l'hémisphère boréal vers elles, de mettre à découvert, conséquemment, les continents de celui-ci ; ce travail est une œuvre séculaire qui se fait sans secousses violentes. Mais après un laps de 10,000 siècles, pendant lesquels la glacière septentrionale s'est accrue, la glacière méridionale a diminué. Les mers boréales se sont graduellement élevées à leur tour, et les mers australes ont successivement baissé. Enfin un moment arrive où ce courant séculaire fait place à une subite, à une immense perturbation, c'est quand la glacière australe d'une part a été suffisamment ramollie par la chaleur, et que la masse des glaces polaires n'étant plus soutenue par les mers qui se sont retirées, vient à porter à faux sur sa base. L'instant de la débâcle est celui du cataclysme.

10,500 ans plus tard, un déluge s'opérera en sens inverse du précédent, et ainsi de suite tant que durera la précession des équinoxes.

C'est à regret que je quitte le savant auteur des révolutions de la mer, mais il m'éloignerait trop de mon sujet. J'y reviens et je prends l'homme sur la terre tel qu'il existait il y a 6,000 ans, sans m'inquiéter comment il y est venu, et sans me préoccuper de la couleur de sa peau ou de quelques différences anatomiques, qui n'ont d'ailleurs en ce moment, que des conséquences peu divergentes.

Je ne dirai pas, avec certain philosophe excentrique, que Dieu a dû créer plus d'un couple à la fois, parce qu'il n'aurait pas eu de médecin pour le soigner dans ses maladies, en admettant que l'Être suprême eut primitivement frappé la nature humaine d'infirmités ; mais je me demanderai volontiers comment la femme, ainsi que les animaux, au reste, destinée à enfanter dans la douleur, devait s'y prendre pour se débarrasser du produit de la conception? La nature avait dû nécessairement y pourvoir comme elle l'a fait pour les animaux. On sait que certains mammifères rongent avec leurs dents les liens qui attachent le nouveau-né à sa mère, que chez d'autres, le cordon reste attaché au délivre qui est expulsé spontanément. Pourquoi la femme aurait-elle besoin d'un secours étranger ? en est-il ainsi dans son état de nature? je n'en crois rien et peut-être ferions-nous bien de nous en rapporter à elle de ce soin, plus souvent que nous ne le faisons. Un accouchement, en effet, est un acte tout physiologique, ce n'est point une maladie, c'est une fonction, et la fonction la plus importante aux yeux de la nature. Comment donc se ferait-il que cette sollicitude éclairée qui la guide dans l'accomplissement de fonctions secondaires, qu'elle exécute seule, comment se ferait-il donc que la plus importante pour elle eut été abandonnée au hasard, à l'inexpérience, ou à des soins étrangers. Ce n'est pas possible, parce que ce ne serait pas logique. Nous croyons donc sincèrement que les secours de la civilisation, dans ces circonstances, ne sont devenus un progrès que parce que cette civilisation elle-même, en changeant, en modifiant les lois naturelles primordiales, a obligé de substituer l'art à la nature. Le sang circule dans ses vaisseaux, l'air remplit les poumons et en est expulsé, les aliments cheminent dans le tube digestif et l'économie s'empare des principes réparateurs qui lui conviennent ; des secrétions et des excrétions utilisent ou expulsent ce qui est utile ou nuisible, et tout cela par la seule puissance de cette même nature, et l'on voudrait qu'il en fût autrement pour l'exonération de l'enfant ! Ce n'est pas possible, je le répète, l'intervention de l'homme, dans cette occurence, est bien près de ressembler à une erreur de notre vie sociale, ou au moins à un progrès douteux.

Mais, objecte-t-on, il est des accouchements contre nature où la mère et l'enfant succomberaient inévitablement si l'art ne leur venait en aide. Ceci est très vrai ; il est des êtres qui naissent difformes et marqués, dès leur berceau, du doigt de la mort, mais ces difformités originelles se rencontrent, surtout, là où la civilisation a passé. Il est, d'ailleurs, parmi les fruits de la terre, des différences de forme, de volume, de beauté ; mais dans ses écarts même, dans ce qu'on nomme des monstres, c'est une observation bien remarquable, la nature tend sans cesse à l'harmonie, à la régularité, à la logique ; elle est en quelque sorte régulière dans son irrégularité. Mais ces vies précaires, ces anomalies anatomiques ont du être des exceptions rares dans l'enfance de l'humanité.

Quoiqu'il en soit, l'enfant est sorti du sein de sa mère, et et après quatre jours la nature le sépare de l'arrière-faix par une inflammation éliminatrice. Coupez le cordon ombilical à trente ou à trois centimètres, il se détachera toujours au point que la nature a fixé.

Je ne blâme pas l'art de séparer de l'enfant un corps devenu inutile pour sa nutrition, et gênant ou nuisible par sa présence ; mais entre la sage lenteur de la nature et la précipitation de l'art, il y a un terme moyen, qu'il serait peut-être prudent d'adopter. Aussitôt l'expulsion de l'enfant, l'accoucheur se hâte de couper le cordon et il a tort. Est-ce qu'alors, en effet, l'arrière-faix ne reçoit pas encore pendant quelques instants le sang qui vient de la mère et celui qui revient de l'enfant ? Pourquoi cela ? La nature aurait-elle ici, contre ses sages habitudes, fait quelque chose d'inutile ?

Cette circulation placentaire, qui va successivement s'amoindrissant, ce sang dont le jet diminue progressivement sous l'influence de la rétraction spontanée de l'uterus, pour la mère ; sous celle de la profonde modification apportée à la circulation, pour l'enfant ; ne sont-ils pas une sage précaution en vue de ménager une transition trop brusque, que vous heurtez brutalement d'un coup de ciseau ? A-t-on bien réfléchi au trouble circulatoire qui suit le passage de la vie parasitaire à la vie isolée ? Non sans doute, car on agirait autrement et peut être préviendrait-on ainsi de graves maladies, et en particulier la cyanose.

Je ne veux pas faire du paradoxe à plaisir, mais je veux étudier tout simplement les voies et intentions de la nature, bien convaincu à l'avance, qu'en procréant l'espèce, comme en pourvoyant à son entretien et au développement de ses facultés, elle a toujours agi avec sagesse, logique et prudence, et qu'elle n'a rien fait de superflu ou d'inutile, je pourrai peut-être ajouter plus tard, ni rien de nuisible, dans l'accomplissement du grand œuvre de l'univers.

Le génie d'Hippocrate l'avait compris ; le médecin doit

être le premier ministre de la nature, sinon son serviteur « *quo natura vergit eo ducendum est.* » Quant au physiologiste, il doit être son interprète, c'est ce dernier rôle que j'ai choisi, aussi entendrez-vous souvent sortir de ma bouche cette interrogation : Pourquoi ? Si en effet, elle n'a rien fait sans un but déterminé à l'avance, si chacun de ses actes a sa raison d'être ; pourquoi n'en pas tenir compte ou le méconnaître ? Pourquoi nous croire plus savants que notre grand maître, et nous efforcer de substituer nos intentions aux siennes, de combattre ses salutaires inspirations par les conseils d'une raison, que nous tenons d'elle, de manière à la mettre en contradiction avec elle-même ? Mais c'est là un des résultats de cette civilisation que nous apprécierons plus tard.

La circulation fœtale a donc été remplacée par une circulation propre, individuelle, isolée ; une nouvelle fonction, la respiration a surgi, l'enfant crie, s'agite, saisit de ses petites mains les corps environnants, quelques excrétions s'opèrent déjà, la vie individuelle s'essaie.

La première manisfestation de cette vie nouvelle, est un cri arraché par la souffrance ! Nous entrons dans le monde par la porte de la douleur ! Et c'est par cette même porte, hélas ! que nous en sortons ! Mais cette douleur, qui provoque les cris du nouveau-né, était utile, elle était même nécessaire, pour faciliter l'entrée de l'air, qui doit déplisser les poumons, laissons lui donc un libre cours, et respectons les sages intentions de la nature ; l'éternuement du jeune enfant est encore un moyen dont elle se sert souvent dans le même but.

La plupart des animaux naissent avec des productions épidermiques plus ou moins développées, poils, plumes ou écailles, qui les garantissent des impressions trop vives des milieux dans lesquels ils entrent et où ils sont destinés à vivre ; l'homme seul naît avec un épiderme très fin et à peine recouvert de quelques poils qui ne sont nombreux que vers la tête, il existe bien sur le corps un enduit sébacé, mauvais conducteur du calorique et destiné probablement à amortir le brusque changement de température éprouvé par l'enfant, mais il y séjourne peu , on se presse de l'en débarrasser par des soins de propreté, un peu exagérée en ce moment.

Les jeunes oiseaux dont le corps est nu ou à peu près, ont, comme l'enfant, besoin de chaleur pour vivre, aussi s'empressent-ils de se cacher sous le duvet de leur mère, qui les y rassemble elle même, si besoin est. L'enfant de l'homme a besoin aussi de la chaleur de sa mère, mais on s'empresse de l'en éloigner et l'on y substitue déjà les langes de la civilisation. Ce serait trop ravaler notre espèce que de lui laisser imiter la bête, et cependant ce serait ce qu'il y aurait de mieux à faire. L'enfant, pour être physiquement séparé de sa mère, lui est encore intimement uni par des rapports immatériels, harmoniques, que le temps seul peut détruire ; il y a, et l'on devrait y aider, des échanges de fluides impondérables entre deux natures qu'un fil vient de séparer mais non de désunir. C'est sous le ventre de leur mère que les petits animaux se réfugient , parce qu'ils y trouvent la chaleur qui leur est nécessaire, et quelquefois l'aliment qui leur est indispensable ; c'est dans leurs bras, contre leur sein, que les singes pressent leur progéniture ; c'est loin de sa mère que l'on relègue l'enfant né de l'homme !

Mais pourquoi l'homme naît-il sans défense, non-seulement contre l'inclémence du temps, mais encore contre l'agression des animaux, ou même de ses semblables ?

On répond à cela que la nature a doué l'homme d'une intelligence supérieure qui lui permet de suppléer aux imperfections dont on accuse son œuvre à cet égard. Nous ferons remarquer, toutefois, que ce n'est qu'avec l'aide du temps, et sous l'impulsion du progrès, que l'intelligence produit et que l'invention la plus simple a dû coûter plusieurs intelligences et bien des années pendant lesquelles l'homme s'est trouvé exposé à tant de causes de destruction que son espèce eut été anéantie s'il n'avait reçu directement de la nature quelques moyens de préservation. — Fuir devant les plus forts et attaquer

les plus faibles avec les dents ou les mains, les pieds et les
ongles, voilà ses moyens naturels de défense ou d'agression.
Certes les ongles si soigneusement coupés de l'homme civilisé ne semblent pas des armes bien redoutables, nos cheveux et notre barbe tondue ne peuvent paraître un sérieux
moyen de défense, et cependant si vous supposez un demi-
siècle au plus sans que vous ayez touché à ces productions
épidermiques, vous comprendrez quelles dimensions et quelle
force elles auront acquis. Ce n'étaient là, au reste, que des
armes temporaires, j'en conviens, et contemporaines de l'enfance de l'intelligence.

Mais pourquoi cette enveloppe si frêle qui couvre le corps
de l'homme? Pourquoi en un mot est-il nu? Dieu a créé les
êtres organisés pour habiter certaines parties du globe exclu-
sivement à certaines autres (1). L'art qui est parvenu souvent
à dompter la nature, a enfreint cette grande loi du créateur
en détournant quelques êtres de leur primitive patrie. Cet art
prend ici le nom d'acclimatation ; mais quels que soient ses
progrès, il ne fera pas que l'éléphant puisse habiter nos
pôles ou le renne la zone torride. Les plantes aussi ont leur
mère patrie, la géographie botanique nous enseigne que l'on
peut juger de l'altitude des montagnes par les espèces végéta-
les que l'on y rencontre, tel lichen qui vit près des neiges
éternelles, périrait bientôt dans la tiède vallée. L'homme
aurait-il échappé à cette loi commune et le comospolisme
dont on l'honore ne serait-il pas aussi le résultat d'une acclimatation dont le hasard, la nécessité ou le besoin de connaître auraient à la longue fait tous les frais? s'il en est ainsi
nous comprenons que l'Eden où il a dû passer ses premiers
jours, étant placé sous la zone torride, une enveloppe plus

---

(1) Voici ce que dit l'encyclopédie moderne à ce sujet : les types principaux sont évidemment dans un rapport intime avec les circonstances des
terres habitées par eux, avec la physionomie et les caractères de chaque
continent. Le type mongol appartient au continent oriental de l'Asie ; le
continent africain a le sien : entre ces masses est le type caucasien, qui
semble appartenir au premier berceau des migrations des peuples.

épaisse lui était d'autant moins nécessaire que la terre, alors
à peine solidifiée,conservait une chaleur d'autant plus grande.
De nos jours, nous voyons encore beaucoup d'animaux, les
chiens par exemple, naître sous les tropiques avec un poil
rare et court, tandis que près des pôles ces mêmes animaux
sont remarquables par leurs longs poils et leur épaisse toison.
— La nature a donc fait l'homme sans vêtement, parce qu'elle
l'a fait pour vivre sur une terre encore chaude de son feu
intérieur et sous l'influence bienfaisante des rayons du soleil.
Si elle avait dû le faire naître sous les pôles, ou plutôt sous
les pôles actuels, elle n'eût pas manqué de couvrir son corps
d'une chaude enveloppe (1).

Mais sa sagesse avait prévu que d'une part, la chaleur du
globe où elle venait de semer la vie humaine, irait s'amoindrissant, et que d'autre part, notre espèce irait s'augmentant, de
sorte que, forcée de chercher son existence au delà de sa
zône originelle, elle dut compter pour les éventualités
de l'avenir, non sur une modification à ses lois primordiales, mais sur cette intelligence qui devait un jour asservir
non seulement les autres créatures, mais aussi les éléments,
et dont l'orgueil devait s'élever jusqu'à l'enchaîner elle-
même à son tour. Etrange contraste et symbolique image de
l'ingratitude humaine ! Nous rivons des fers pour celle à qui
nous devons la liberté ! Mais ce n'est qu'accidentellement
que nous maîtrisons le grand maître, et à un moment donné,
il sait fort bien nous replonger dans le néant et nous prouver
qu'il est toujours le chef d'esclaves vainement révoltés contre
sa puissance souveraine.

Ainsi, aujourd'hui, avec notre terre refroidie, on ne saurait
priver l'enfant d'enveloppes artificielles, mais ces enveloppes
ne devraient remplir d'autre office que de conserver sa cha-

---

(1) La chaleur du globe se serait fait sentir à sa surface, nous dit
M. Adhémar, jusqu'à la fin des terrains tertiaires. Ce n'est qu'à partir de
cette époque que les lignes isothermes se seraient dessinées.

leur naturelle et non d'empêcher ses mouvements, de le mo-
mifier, ainsi que cela n'a lieu que trop souvent encore ; et
en effet, l'enfant naissant a besoin d'air et de mouvement, il
agite en tous sens ses petits membres, et cette agitation lui
est nécessaire pour la liberté de la circulation et pour le développement de ses forces. On lui entoure isolément chaque
membre, on lui attache quelquefois les bras le long du corps
comme si l'on craignait qu'ils ne se brisassent par le frotte-
ment. C'est encore là un mode vicieux, essentiellement contraire aux intentions de la nature.

Des quatre membres dont nous sommes doués, deux sont
évidemment plus spécialement destinés à la préhension et
deux à la progression. Je dis plus spécialement, car je ne suis
pas bien convaincu que les pieds ne puissent être employés
qu'à la déambulation. Certes, le comte Moscati est allé trop
loin en disant l'homme quadrupède, il serait plutôt quadru-
mane. Examinez l'enfant dont le pied n'a pas été déformé et
immobilisé par des chaussures ; ses orteils s'écartent, se cour-
bent et se rapprochent, notamment le pouce, de manière à
pouvoir saisir les objets environnants ; ils exécutent des
mouvements qui, s'ils étaient perfectionnés par l'éducation,
ainsi que cela a lieu pour la main, nous surprendraient étran-
gement. Voyez dans les landes le parti que les résiniers tirent
de leurs orteils, et concluez avec moi que si les pieds de
l'homme ne lui sont utiles que pour la marche, c'est uniqué-
ment parce qu'elle est le seul exercice qu'on leur ait confié.
Et encore c'est presque à regret qu'on leur a concédé cette
faculté, car le chinois leur fait subir une opération sanglante
qui doit diminuer la base de sustentation ; et nous, peuples
plus civilisés, nous les comprimons, nous les rappetissons
tant que nous le pouvons, nous ne retranchons pas le gros
orteil, mais nous l'inutilisons. Le pied naturel doit s'élargir
en éventail, nous avons trouvé cela de mauvais goût et nous
le torturons pour le rendre pointu. Que l'expérience ait enseigné à l'homme l'utilité d'une semelle protectrice, je le
comprends, mais la civilisation aurait dû s'arrêter au point
où en sont les Arabes aujourd'hui, et notez que vous ne faites

qu'ajouter à ce que la nature avait déjà fait elle-même en donnant une épaisseur considérable et une densité exceptionnelle au derme et au tissu cellulaire de la plante des pieds, et que cette couche protectrice eût probablement suffi, en devenant plus résistante et se cuirassant d'un calus épais par les compressions répétées auxquelles elle aurait été soumise.

Et les mains ! ces précieux organes de préhension auxquels certains philosophes ont cru pouvoir attribuer la prééminence de l'homme sur les animaux, comment sont-elles traitées par la civilisation ? Ne semblerait-il pas que nous soyons prêts à accuser la nature de prodigalité ou de luxe inutile. Nous avons deux mains, mais nous n'utilisons guère que l'une d'elles, et encore il faut un choix, il n'est pas convenable de se servir de la gauche ! Celle-ci est probablement un *en cas*, si l'autre venait à nous manquer ; seulement, alors, ce serait une nouvelle éducation à faire.

Et le corps ! à quelles tortures n'est-t-il pas soumis par des vêtements inégalement serrés, de manière à gêner les mouvements de la respiration, le cours du sang ou celui des aliments ?

La base de la poitrine doit-être à la taille ; cela ne nous convenait pas, nous en avons fait le sommet. Le sein destiné à nourrir la progéniture de l'homme était placé au milieu de la poitrine et surmonté d'un mamelon disposé pour être saisi par la bouche de l'enfant ; la mode en a fait tout autre chose, elle l'a remonté vers le cou et elle a effacé le mamelon.... La civilisation ne nous a-t-elle pas donné le biberon pour le remplacer ? peut-être parviendra-t-elle un jour, elle qui a inventé tant de choses, à doter de l'instinct maternel cette mère factice ; la substitution serait complète alors, et le biberon aurait le droit de concourir pour les prix de vertu ! Oh ! ridicule et dérisoire civilisation, que tu nous fais bien comprendre le pessimisme de J.-J. Rousseau !

Mais poursuivons : le corps est nu et la terre est trop re-

froidie pour que nous le laissions exposé aux intempéries ;
mais la tête, n'est-elle pas garantie par une épaisse chevelure ?
pourquoi donc la couvrir d'une enveloppe plus ou moins
ridicule et toujours inutile ? que ce soit un feutre, une paille,
un turban, un bonnet de coton, ou tout autre chose. Est-ce
que la nature n'y a pas pourvu ? une coiffure ne devrait convenir qu'aux têtes chauves, parce qu'elles seules en ont vraiment besoin.

Mais pourquoi certaines parties du corps de l'homme,
notamment la tête dont nous parlons, sont-elles couvertes de
poils ? les uns répondent que les cheveux sont un ornement ;
les autres qu'ils sont un agent protecteur. Si la chevelure est
un ornement, il faut convenir que nous ne partageons pas
toujours l'avis de la nature, car beaucoup de peuples civilisés
la coupent ou la rasent ; je la crois plus volontiers une enveloppe protectrice, défensive de l'organe le plus important
de l'économie animale, et le garantissant des brusques chan-
gements de la température. Elle a peut-être encore d'autres
usages ; quoiqu'il en soit, la nature ne nous a pas fait don
d'une chevelure pour qu'elle tombât sous le ciseau, ni d'une
barbe pour qu'elle tombât sous le rasoir ; là comme toujours
on retrouve des traces de cette lutte, cette guerre perpétuelle
que la civilisation a déclarée à la nature. Celle-ci veut que nous
ayons des cheveux et des ongles, celle-là n'en veut pas ; c'est-
à-dire, que nous substituons sans façon nos caprices aux
desseins de la Providence, et que nous préférons un esclavage
volontaire à la liberté qu'elle nous avait octroyée.

Un jour viendra, nous n'en doutons pas, où l'on s'apercevra
que l'on a fait fausse route, et où le progrès suivra, quelquefois, une marche rétrograde. On comprendra, alors, que le
corps de l'homme a besoin d'autant de liberté que son intelligence, et les ridicules vêtements dont nous sommes affu-
blés tomberont pour faire place de nouveau à ces larges bur-
nous, qui couvrent le corps sans le déformer, comme sans
gêner ses mouvements, et le patriarcal costume des peuples

nomades primitifs sera accepté, sans répugnance, par nos modernes dandys, qui sauront bien encore trouver le moyen de le rendre ridicule. La civilisation, toutefois, n'est pas seule coupable des travers ou des ridicules de la mode, car l'homme sauvage lui-même n'a pas su s'en affranchir. S'il se perce le nez ou les lèvres pour y suspendre un corps étranger, ainsi que nous le faisons nous-mêmes pour les oreilles de nos enfants ; s'il se tatoue le visage et la poitrine, ainsi que nous le faisons pour nos habits, ainsi que le font encore de nos jours les matelots, sur leurs bras ; s'ils se badigeonnent la figure avec du rocou, ne le faisons-nous pas encore à la honte de la civilisation avec de la céruse, du carthame, du bleu, du noir et toutes ces drogues qu'on appelle cosmétiques. Si nous nous déformons la taille, certaines peuplades sauvages ne difform
ment-ils pas la tête de leurs enfants, en la pressant entre deux planchettes ?

Vous le voyez, sous ce rapport nous ne sommes pas plus avancés qu'il y a six mille ans ; nous le sommes même beaucoup moins, car il est probable que les premiers hommes étaient étrangers à ces ridicules.

Outre le vêtement dont l'homme couvrit son corps, quand la chaleur du globe a diminué, il a dû, dès ses premiers jours, chercher à se garantir de la fraîcheur des nuits et des intempéries atmosphériques, en utilisant les abris naturels, ou en s'en créant de factices. Le creux d'un rocher, un arbre touffu, une hutte, ont été ses premières demeures et ont précédé, de longtemps, la tente et la chaumière, auxquelles le progrès a substitué les maisons et les palais. Au point de vue de la nature, comme à celui de la santé, ces somptueuses demeures sont un luxe dangereux où la vie s'allanguit et s'épuise. La chaumière, sous ce rapport, vaut mieux que le palais. L'homme a été créé pour respirer l'air pur des champs, et non l'air artificiel ou empoisonné de nos demeures. Pourquoi vit-on plus exempt de maladies, et généralement plus vieux, dans les campagnes que dans les villes ? Parce que l'on y respire un air réparateur qui nous est inconnu.

Je sais que nos frêles organisations citadines se trouve-
raient mal à l'aise, avec ces courants d'air que nous re-
doutons tant, et que le rude laboureur ne connaît pas ; mais
là est la santé cependant, la force de la jeunesse, la verdeur
de la vieillesse; tandis qu'ici, c'est l'étiolement, la maladie et
la mort.

L'homme est né pour la liberté des mouvements de son
corps, il est né pour marcher, courir, gravir, nager même,
l'empire de l'air lui a seul été refusé. Il est un art renouvelé
des anciens, la gymnastique , dont le but est de rappeler et
de développer ces précieuses facultés originelles, et nous
sommes heureux de constater que c'est là un des trop rares
exemples de l'union de la nature à la civilisation.

J'ai rapidement passé en revue les besoins d'air, de chaleur
et de mouvement , j'arrive aux besoins de nutrition. Voyons
d'abord quels ont dû être les premiers aliments de notre
espèce ? Si nous interrogeons l'anatomie, elle nous repond :
les mâchoires de l'homme sont armées de dents pour broyer,
couper, et seulement de quatre dents pour déchirer; elles
sont manœuvrées par des muscles d'une force médiocre , ses
intestins tiennent le milieu pour la longueur entre ceux des
herbivores et des carnivores ; il n'a qu'un estomac peu mus-
culeux. Conclusion de l'anatomie : l'homme est omnivore.

Si nous nous adressons à l'histoire naturelle, elle nous
répond avec une sorte de cynisme blessant pour la dignité
humaine : le singe, et en particulier l'orang, qui nous res-
semble à tant d'égards et qui nous ressemblerait encore plus,
s'il n'avait une ouverture par laquelle l'air s'échappe entre
le thyroïde et l'os hyoïde, ce qui l'empêche d'articuler, le
singe, est essentiellement frugivore.

Si nous consultons l'histoire des premiers âges du monde,
nous trouvons les hommes se nourrissant surtout de fruits,
de laitage et de racines, puis de la chair crue de quelques
animaux. D'après Strabon, Pline, Porphyre, les hommes au-

raient été primitivement anthropophages. Les Scythes, les Germains, les indigènes de l'Amérique du Nord, les peuples qui habitent les nombreux îlots de l'Océanie, en auraient fourni et quelques uns en fourniraient encore de nombreuses preuves.

Je voudrais pouvoir soustraire notre espèce à cette affreuse accusation d'avoir mangé ses semblables, malheureusement l'histoire me donnerait trop de démentis, pour que j'essaye de la disculper. Il n'est que trop vrai qu'il a existé et qu'il existe encore des Cannibales ! Est-ce une affaire d'appétit, est-ce l'impulsion d'une passion? je ne saurais le décider; toutefois le raisonnement vient en aide à cette dernière supposition. Nous voyons bien quelques insectes, les araignées en particulier, s'entredévorer ; il en est même, prétend-on, qui mangent leurs propres pattes ; nous savons que les loups ne dédaignent pas la chair des autres loups ; certains animaux, même des herbivores, mangent quelquefois leurs petits, mais ces appétits monstrueux ne sont-ils pas souvent le résultat d'une cruelle nécessité? L'homme aussi ne se trouve-t-il pas quelquefois dans l'affreuse alternative de succomber aux horreurs de la faim ou de dévorer ses compagnons d'infortune ? Ce sont là, de ces circonstances exceptionnelles, qui loin de militer en faveur de l'anthropophagie, sembleraient au contraire devoir affranchir l'humanité de cette monstruosité, mais outre le besoin impérieux de la faim qui l'explique sans la justifier, il est d'autres instincts, peut-être, d'autres passions au moins qui l'expliquent aussi.

Sans parler de certaines peuplades qui mangent, dit-on, leurs parents vieux et infirmes, pour les soustraire aux peines de la vie et leur assurer une filiale sépulture, n'existe-t-il pas chez l'homme natif, de violentes passions, d'autant plus énergiques que l'éducation ne les a pas assujetties à son frein salutaire, et qui le portent à déchirer et à mordre à belles dents son ennemi? Ne nous est-il jamais arrivé, à nous dont la civilisation a modifié cependant les mauvaises inspirations, d'éprouver ce besoin de déchirer et de mordre ? Il n'y a qu'un pas de là à se repaître de la chair de l'ennemi vaincu, car je

ne sache pas que ces repas de cannibales, dont le merveil-
leux a souvent fait les frais, aient jamais eu lieu entre guer-
riers d'une même tribu. C'est toujours un ennemi dont on
s'arrache les membres encore palpitants, et quelquefois les
chairs à demi putréfiées ; car si l'homme civilisé a pu dire :
« un ennemi mort sent toujours bon, » l'homme sauvage a
pu ajouter : « il a toujours bon goût. » Mais c'est là de la
colère, c'est de la vengeance, c'est l'assouvissement de la
rage, mais ce n'est pas de l'appétit.

Que le cannibale ait fini par s'habituer à trouver un goût
agréable à notre chair, je ne suis pas éloigné de le croire, car
je professe cette opinion, moi qui suis loin d'être un cannibale, que la viande la plus nourrissante, sinon la plus agréable
à un animal carnassier, est celle qui se rapproche le plus de
sa constitution anatomique (1). Mais il n'en reste pas moins
prouvé pour moi que l'anthropophagie est due à la passion
et non à l'appétit, et que si quelques sauvages mangent ceux
qui ont le malheur d'aborder leur rivage inhospitalier, c'est
qu'ils considèrent tout étranger comme un ennemi, et tout
ennemi comme une proie.

En fait d'appétits, au reste, les habitants de notre globe
présentent les nuances les plus variées, depuis le Kamscha-
dale, qui mange du poisson pourri dans la même auge que
ses chiens, jusqu'à la table somptueuse des Lucullus. Ces
différences ne dépendent pas d'une modification organique,
mais bien de la position géographique des habitants.

L'homme a dû vivre primitivement, disions-nous, de fruits,
de laitage et de quelques racines. Pour étancher sa soif il

(1) La chair encore saignante est plus nourrissante, et d'une digestion
plus facile, que la chair desséchée ; il y a plus, c'est que la chair toute
crue remplit parfaitement ces deux conditions ; c'est au moins ce que
pense l'une de nos autorités médicales, qui prétend guérir certaines
diarrhées des jeunes enfants par une pâte de viande crue.

avait l'eau du ruisseau. C'est seulement depuis qu'il a su manier le feu, qu'une profonde perturbation a dû être apportée dans son régime alimentaire. Comment est-il arrivé à conquérir ce premier élément de civilisation? La tradition est muette à cet égard. Il est probable que la combustion spontanée des houilles et du pétrole, que celle des forêts, que le feu du ciel ou celui des volcans, dont le nombre devait être considérable, lui en auront indiqué l'usage, d'abord, et que la réflexion lui en aura assuré la possession. A dater de ce moment, disons-nous, la civilisation a fait un pas immense, et l'homme a énormément distancé la bête.

Mais il s'est passé sans doute un grand nombre d'années, avant qu'il ait soumis à son action destructive les aliments animaux dont il a dû auparavant apprendre à s'emparer en inventant des instruments propres à la pêche et à la chasse. Les chairs fortuitement desséchées sous l'influence des rayons du soleil, lui ayant probablement paru d'un goût plus agréable, et cet astre devant lui sembler un foyer de chaleur, il était naturel qu'il essayât d'y substituer en son absence, cet autre foyer de chaleur qu'il avait appris à allumer. C'est là l'origine de l'art funeste, que l'on nomme culinaire, et qui a fait à lui seul plus de victimes que les guerres et les épidémies ensemble.

Que l'on soumette l'intelligence aux lois de la civilisation, rien de mieux! Mais qu'on veuille aussi que les fonctions les plus animales passent sous ses fourches caudines, rien de pis! Ainsi est-ce la nature qui vous a dit que vous ne deviez manger qu'à certaines heures de convention? Est-ce elle qui vous dit de boire chaud parce que vous transpirez, ou parce que vous avez la fièvre? Elle vous demande des acides, vous lui donnez de la gomme; elle veut de l'eau, vous lui donnez du vin; elle sollicite des aliments, vous les lui retranchez! toujours le même système! la nature radote, l'homme seul raisonne et l'enfant veut à son tour être plus savant que sa mère. C'est cependant cette bonne vieille radoteuse qui enseigne à l'insecte qui vient de naître quelle est, entre mille, la plante qui doit le nourrir; au poulet qui sort de l'œuf quelle est la graine qu'il doit becqueter ; au mammifère où il va trouver le lait qui lui est destiné : à l'homme seul elle aurait oublié de faire sa part ! erreur et orgueil ! à l'enfant, comme aux autres animaux, elle a indiqué les moyens de saisir le sein de sa mère, et à l'homme les moyens de satisfaire au besoin de nutrition.

Elle lui a dit : tu as faim? mange ! tu as soif? bois ! Mais en suscitant ce désir elle n'a consulté que le besoin, sans se préoccuper d'aucun autre intérêt que celui de la conservation de l'individu.

J'ai lu qu'un certain jour, Cosroès réunit à sa cour quatre médecins, un Grec, un Indien, un Persan et un Ethiopien, pour leur demander le remède dont l'usage ne comportait aucun inconvénient. Les trois premiers indiquèrent l'usage du nigrabolam, du cresson et de l'eau chaude ; le dernier en contesta l'innocuité et articula ce précepte : « ne manger que lorsque l'on a faim et cesser avant d'être rassasié. » Ses collègues se rendirent à cet avis et nous croyons avec eux que cette fois au moins le docteur noir avait raison.

On attribue à Noë l'invention du vin ; je suis désolé d'être obligé de l'accuser, s'il en est ainsi, d'être l'auteur de la plupart des maux qui affligent l'humanité, et je comprends que le Koran ait interdit l'usage de cette liqueur à ses sectateurs. La civilisation est là en contradiction avec elle même ; elle a pour mission avouée de subalterniser la brute à l'homme, et elle invente une drogue dont elle sature l'humanité et qui a pour résultat de subalterniser l'homme à la bête. Etrange logique en vérité ! et notez que c'est avec passion que beaucoup se livrent à cet empoisonnement, comme si la civilisation était une charge dont ils avaient hâte de se débarrasser !

L'eau ! voilà la seule boisson destinée à l'homme et aux animaux. Il est vrai toutefois, qu'avec les progrès culinaires et grâce à la masse d'aliments dont nous chargeons notre estomac, il nous fallait une boisson plus stimulante, et après avoir créé un appétit factice, il fallait bien aussi développer une force factice pour aider à la digestion.

Nous arrivons maintenant à d'autres besoins, à d'autres instincts, dont nous allons aussi étudier le langage.

Plus préoccupée de l'entretien de l'espèce que de celui de l'individu, la nature s'est réservée, ici, une autorité dont elle a volontiers, ailleurs, fait le sacrifice. Arrivé à l'époque de sa carrière où l'animal peut, sans danger, partager la vie qu'elle lui a donnée, quelquefois même alors qu'il doit succomber lui-même en se reproduisant, la nature suscite dans son être un impérieux besoin qui recèle en soi, quelquefois, les plus nobles sentiments, et, quelquefois aussi les plus funestes passions.

La plante et l'animal ont une époque fixe pour leurs amours, l'homme n'en a point. Ceux là sont monogames ou polygames. Dans laquelle de ces deux dernières catégories doit-on ranger notre espéce ?

Consultons-nous les archives du vieux monde, nous sommes peu édifiés sur sa moralité, car nous y trouvons la polygamie, ou la monogamie avec divorce, voire même l'inceste, sinon en faveur, du moins autorisé ou justifié.

Si nous étudions nos impulsions naturelles, nos inspirations instinctives, l'homme est poussé à la polygamie. Il n'est donc pas douteux pour nous qu'il n'en fut ainsi de l'homme primitif, cédant aux inspirations du moment, comme l'animal, et confiant à la femme le soin d'élever une progéniture dont la filiation était insaisissable. La femme seule, avec son instinct maternel, était toute la famille, comme dans certaine utopie sociale, digne de cette époque, où l'homme n'a d'autre rôle à remplir que celui de *géniteur.* Heureusement que la civilisation est venue nous tirer de cette fange et réhabiliter notre espèce. Grâces donc lui soient rendues, car, si quelquefois nous nous

sommes permis de censurer ses progrès douteux, nous se-
rons toujours prêt à applaudir à ses progrès réels.

Mais ici se présente une question préjudicielle, en quelque
sorte, qui me préoccupe depuis trop longtemps pour que je
laisse échapper encore l'occasion de la traiter, sinon de la
résoudre. La voici : En créant l'homme, la nature n'aurait-elle
pas agi dans l'intérêt le mieux entendu de sa conservation,
de son bien-être et du développement régulier de ses facultés ? toutes les inspirations de la nature n'auraient-elles pas
eu en vue ce résultat ? et s'il en est ainsi, comment se fait-il
qu'elle se trouve quelquefois en opposition flagrante avec la
civilisation? qui donc a raison, qui donc a tort, de la créature
ou du Créateur ?

Et d'abord il faut faire une distinction importante. L'humanité est composée de deux éléments bien distincts, ou plutôt
l'homme se compose de deux êtres qui ont été successivement
se rapprochant et se confondant; la bête d'abord, l'homme
ensuite. Ce que j'ai déjà appelé l'animal perfectionné et perfectible. La nature a fait l'animal perfectionné et elle lui a
laissé le soin de la perfectibilité qui devait, passez-moi cette
expression détournée de son vrai sens, qui devait l'humaniser;
la nature n'a pu se tromper dans ce qu'elle a créé, l'homme
seul a quelquefois fait fausse route, parce que seul il est fail-
lible. Si ce qui est bon, bien et utile à l'animal, avait toujours
été bon, bien et utile à l'homme, il n'y aurait pas eu d'erreur
possible ; malheureusement il n'en a point été ainsi, et pour
suppléer au guide qui venait à lui manquer, elle l'a doté de la
conscience et de la liberté. Mais cette conscience, cette sorte
de censure naturelle, qui devait servir de guide au libre ar-
bitre et en réfréner les écarts, a souvent été étouffée par la
passion, et la liberté, débarrassée d'un importun contrôle, a
pris les allures de la licence. Le mal n'existe vraiment pas
par lui-même, il n'est pas dans la nature ; c'est une horloge
qui fonctionne mal, parceque l'un de ses rouages est momen-
tanément dérangé ; c'est un pendule dont le compensateur
s'est détaché ; c'est enfin un accident fortuit, dont l'horloger
peut fort bien être innocent.

Nous ne partageons pas l'avis de Hobbe qui prétend que l'homme est né méchant. Et nous le disons avec une profonde conviction : la nature a tout fait pour le bien, l'homme seul a fait le mal, parce qu'il n'a pas su tirer un parti convenable du bien qui lui avait été confié.

Ainsi que les animaux et les végétaux, l'homme subit l'influence du milieu dans lequel il est destiné à vivre. Non seulement les variations barométriques, thermométriques, hygrométriques, mais aussi les mutations dans la proportion des fluides impondérables, électriques, magnétiques, ozoniques, ont sur lui une influence, partagée encore par les révolutions sidérales, les mouvements de rotation de la terre, etc.

L'alternation du jour et de la nuit entraîne comme conséquence l'alternation du travail et du repos, de la veille et du sommeil. Pourquoi ici encore, nous sommes-nous mis en opposition avec le vœu de la nature, et cependant son langage est bien explicite ; écoutez-le plutôt, je vais essayer de le traduire.

Le soleil vient de descendre au-dessous de l'horizon, sa lumière refractée nous montre encore son disque trompeur, et pendant que quelques rayons attardés allument sur nos vitraux un innocent incendie, quelques autres vont liserer capricieusement les nuages ou confondre leur éclat amoindri dans l'azur des cieux. C'est l'heure où le pêcheur revient au rivage, où le laboureur regagne sa chaumière, où l'ouvrier sa famille, où le troupeau l'étable, où l'insecte son abri, où l'oiseau son nid ; c'est l'heure où, réunis sous l'épais feuillage, les joyeux habitants de l'air adressent un concert d'adieu au jour qui finit ; c'est l'heure où la corolle clôt ses pétales épanouies ; c'est l'heure aussi où le *mirabilis* ouvre la sienne et vient demander en vain, à la pâle clarté de la lune, un brillant reflet du soleil de sa patrie ; c'est celle, enfin, où la feuille s'incline et tombe allanguie sur son pétiole, déjà courbé lui-même sous les pleurs du soir. Mais c'est vainement que la lumière lutte contre l'ange des ténèbres, les contours s'effacent graduellement, les angles s'émoussent, les objets se confondent, les ténèbres s'épaississent, la nature, vaincue, cède enfin, s'assoupit et s'endort.

Tout bruit cesse, sauf le mélodieux concert du zéphir à travers le feuillage et les mélancoliques accents du rossignol; tout dort, hormis quelques carnassiers que la faim tient éveillés, ou de pauvres animaux dont la débile prunelle ne saurait supporter l'éclat du jour ; tout dort, disons-nous, hormis l'homme civilisé.

Il ne dort pas encore, lui, que déjà la nuit moins sombre découvre le manteau de brume de la vallée ; qu'une lueur, pâle, incertaine d'abord, puis mieux accusée, éclaire l'un des points de l'horizon et projette vers le zénith quelques rayons précurseurs de l'aurore ; il ne dort pas encore à cette heure solennelle où la nature s'éveille et prélude, par de rares accords, au majestueux concert dont Memnon va donner le signal. C'est le chant matinal de l'oiseau des basse-cours ; c'est l'alouette qui secoue ses ailes humides et s'élance en chantant dans les airs ; c'est le ramier dont les mélancoliques accents s'échappent de la forêt ; ou la fauvette dont les douces modulations viennent ranimer le bocage. Ce sont tous les gais passereaux qui saluent le retour du jour, en reprenant le bruyant concert que la nuit avait interrompu. Ici, le cri aigu de l'insecte caché sous l'herbe, ou le bourdonnement du brillant coléoptère, qui va chercher, au sein de la rose elle-même, un lit pour ses amours ; là, le papillon déploie la riche et vive parure de ses ailes près de la fleur embaumée, toute courbée encore sous les perles qu'y a déposées la rosée... Tout s'anime, se meut et prend une nouvelle vie, sous l'influence bienfaisante des premiers rayons du soleil ; le berger conduit le troupeau vers la montagne ; le paysan va demander à la terre son ingrat salaire ; l'ouvrier, le pain de sa famille... Le riche citadin seul, se crée, sous d'épais rideaux, une nuit artificielle, le jour ne commencera pour lui que lorsque le soleil aura atteint le milieu de sa course.

Toujours le même antagonisme, la même révolte aux sages prescriptions de la nature ! la nuit il s'évertue à inventer le soleil, le jour à inventer la nuit, et c'est là ce qu'on nomme le progrès ! Rousseau n'aurait-il pas tort d'avoir osé écrire que l'homme n'est pas né pour être civilisé ?..... Mais poursuivons.

M. Boucher de Perthes, dans son remarquable travail sur les antiquités celtiques et antédiluviennes, assure que l'homme primitif était aussi différent de l'homme de nos jours, que les grands animaux, ses contemporains, diffèrent des espèces actuelles. Cette assurance me semble bien hasardée, puisque jusqu'à ce jour, que je sache, on ne nous a pas présenté d'échantillon bien authentique d'un squelette d'homme datant de six mille ans ou environ ; mais si anatomiquement cet homme des premiers âges du monde nous ressemblait, il est évident qu'au point de vue intellectuel, psychologique, il devait en différer énormément.

Puisque nous ne pouvons dire au juste ce qu'il a été, voyons au moins ce qu'il a dû être.

Chaque animal a reçu des mains de son créateur sa psychologie spéciale. Chacun est né avec des instincts dont un ou plusieurs sont prédominants ; les plus élevés dans l'échelle ont été en outre doués d'une certaine dose d'intelligence et de liberté d'agir. La nature n'avait pas créé l'animal perfectible par lui-même ; elle ne voulait pas qu'il pût franchir la barrière élevée entre lui et l'homme ; il fallait donc bien qu'elle le dotât d'une éducation toute faite, puisqu'elle l'avait frappé d'incapacité pour l'acquérir.

A celui-ci elle a donné la ruse ; à celui-là, l'adresse ; à cet autre, la force. Elle a enseigné à telle espèce à faire des nids pour sa progéniture, à telle autre à tisser des toiles, à dresser des pièges, à bâtir des demeures, à creuser des galeries, etc., à l'homme seul aurait-elle refusé les leçons de son expérience

maternelle, en l'abandonnant aux conseils d'une intelligence
trop novice pour qu'ils pussent être bien efficaces? Non, ce
n'est pas probable, l'homme primitif a eu ses instincts comme
les autres animaux ; ils ont dû être même d'autant plus
énergiques, qu'ils étaient moins contrariés par l'éducation.
Voyons donc quels ils étaient, ou au moins quels étaient les
principaux.

Nous avons déjà parlé des instincts qui portent l'homme à
se vêtir ou s'abriter, à se nourrir, à se mouvoir, à se reproduire,
autrement dit des instincts de conservation de l'individu et
de l'espèce. Passons en revue maintenant quelques uns de
ceux attachés à nos relations.

Comme certains animaux, l'homme a été créé pour vivre
en société. Les instruments que, comme eux, il a reçus à cet
effet, sont les langages, qui comprennent la voix et le geste,
auxquels la civilisation a ajouté le langage articulé, ou la parole, et le langage écrit ou reproduit, les signes. Mais comme
langages primitifs, il n'y en a vraiment que deux : la voix et
les gestes, et encore la voix devait-elle se borner à quelques-
unes de ces exclamations qui, sous le nom d'interjections,
sont arrivées jusqu'à nous. Expression de nos sentiments de
joie ou de tristesse, de frayeur ou de colère, d'amour ou de
dédain, elles étaient accompagnées de cette mimique naturelle qui devait en faciliter l'intelligence. C'est encore là la
langue que parlent entr'eux les animaux, et que nous ne
comprenons pas, d'autant plus que chaque catégorie a des
signes qui ne sont pas les mêmes pour d'autres catégories.
Mais il n'en est pas moins prouvé que les animaux qui vivent
en société peuvent se communiquer leurs impressions, leurs
sensations et leurs passions.

Les pleurs avec les soupirs et les sanglots, car c'est toujours
par là qu'il faut commencer, puis le rire avec les sons et les
mouvements cadencés, autrement dit le chant et la danse,
ont été les premiers modes d'expression des peuples enfants.
Il faut y ajouter cependant les mouvements sympathiques ou

répulsifs, l'action d'appeler, de caresser et celle de repous-
ser, de combattre. Il y avait aussi, comme aujourd'hui, le cri
de douleur, de colère, de frayeur, de désespoir ; comme il y
avait aussi le cri de la joie, du bonheur et de l'amour. Mais
ce langage élémentaire, qui n'était qu'une sorte d'harmonie
imitative, ne pouvait longtemps suffire aux besoins de l'humanité. L'instinct de sociabilité tenait les hommes rapprochés,
et leur intelligence leur indiquait bientôt l'utilité d'adapter
aux objets matériels un signe de convention qui dût les leur
représenter en leur absence. La faculté innée d'articuler des
sons, en leur permettant d'étendre considérablement leur gam-
me, vint singulièrement faciliter les relations ; probablement
aussi, le son articulé ne fut pas le seul élément mis à contri-
bution par l'humanité naissante, le ton y entra à son tour, et
l'art de la déclamation, chez les anciens, nous prouve qu'il
est resté longtemps dans nos mœurs, même en dehors du
chant proprement dit. Enfin le symbole devint, à son tour,
un puissant agent mnémonique : la parole et l'écriture étaient
inventées.

Ce fut le progrès le plus grand réalisé au profit de la civilisation ; ce fut aussi celui dont elle devait le plus abuser
dans l'avenir ; car en enseignant à l'homme l'usage des signes,
l'intelligence souveraine avait entendu qu'ils fussent la repré-
sentation de ses sentiments et de ses pensées, et servissent
ainsi de complément au langage expressif dont elle l'avait
doté. Mais elle ne voulait pas qu'ils pussent jamais servir de
déguisement au mensonge ou à la mauvaise foi.

Il est encore deux facultés dont le rôle civilisateur a dû
être immense, c'est l'imitation et la curiosité.

Les bruits naturels qui retentissaient aux oreilles de l'homme,
le cri, le chant, la voix des autres êtres contemporains ont été
les premiers modèles de l'imitation. Bientôt les mains devaient façonner de grossières images, ou les reproduire dans
d'imparfaites figures hiéroglyphiques. Ce furent les premiers
pas du dessin et de la statuaire ; bientôt aussi, l'imitation

étendit plus loin ses limites et ne se borna plus au rôle tout matériel de ses premiers essais, mais alors l'imitation n'était déjà plus un instinct, c'était un art qui précédait l'invention.

D'un autre côté le progrès eut été un vain mot, si la nécessité et la curiosité ne lui fussent venus en aide.

L'espèce humaine devenant chaque jour plus nombreuse, et les aliments nécessaires à son entretien ne pouvant s'accroître que par une industrie qui n'existait pas encore ; il dût arriver un moment où la société primitive dût s'éloigner du groupe commun pour chercher ailleurs des moyens d'existence. Peut-être est-ce sous l'influence de cette même loi de la nécessité, que l'homme songea à se nourrir de la chair des autres animaux, et créa l'art de la pêche et celui de la chasse, dont la civilisation fit bientôt l'art de la guerre. Mais pour en arriver là, il fallut inventer des instruments et quelque imparfaits qu'ils dussent être en sortant des mains des premiers hommes, cela suppose un temps fort long et un certain degré de civilisation.

Si la nécessité a toujours été un puissant mobile du progrès, il en a été de même de la curiosité, c'est-à-dire de ce désir né avec l'homme, instinctif conséquemment, de connaître, de voir, d'écouter, d'apprendre en un mot.

Voyez de nos jours comment cela se passe chez le jeune enfant, car il est pour nous le représentant de l'homme primitif, avant toutefois qu'il ait reçu ou pu profiter de leçons autres que celles de la nature. Suivez-le, quand il s'essaye à l'analyse que lui suscite cette curiosité innée dont nous parlons. Tient-il quelque objet dans sa main ? il le touche, le tourne, le retourne, le brise, puis il étudie les morceaux dont il se composait, il les porte à ses yeux, à sa bouche ; il semble qu'il veuille le soumettre à chacun de ses sens alternativement, comme le chimiste soumet à divers réactifs le corps dont il veut connaître la composition.

Étonné du monde de merveilles dont il était entouré, l'homme des premiers âges a dû, lui aussi, soumettre à son analytique curiosité, les objets qu'il avait pu saisir ; il a dû même aller plus loin, et comme l'aveugle né de Cheselden, étendre ses bras jusqu'à vouloir embrasser l'horizon, mais l'expérience vint bientôt le convaincre de son impuissance, et la déception suivit de près la curiosité.

Il est donc évident que si l'animalité trouva tout préparé pour la recevoir dans ce monde, et qu'elle n'eut en quelque sorte qu'à s'asseoir au banquet de la vie ; il n'en fut pas tout-à-fait de même de l'humanité, et qu'elle dût s'y créer une place, qui ne lui avait pas été reservée. Guidée par la nécessité, l'imitation et la curiosité ; guidée surtout par l'instinct de sa puissance, elle prit la première.

Mais tous ces puissants mobiles devaient mettre en jeu d'autres rouages, ce sont de ces derniers dont nous allons parler.

Les sens de l'homme de la nature ont été, sans doute, ce qu'ils sont aujourd'hui, sauf peut-être une moindre portée de nos jours ; ceux qui président à la nutrition en particulier ont dû perdre de leur importance primitive.

Et en effet, le nez est l'un des organes les plus saillants de la face. Croyez-vous que la nature l'eût fait à si grand frais et l'eût tellement placé en évidence, si elle n'avait eu en vue que le rôle très secondaire que nous lui avons assigné. Car à quoi nous sert-il aujourd'hui ? Il est des gens qui ne l'utilisent guère que pour y fourrer du tabac. Il est naturel de penser que le rôle de l'odorat était celui d'une sentinelle avancée de la digestion, ainsi qu'on l'a désigné, chargée de s'assurer de la nature et de la qualité des aliments, que le goût devait bientôt soumettre à un second contrôle.

Alors que la vie en était à ses premiers essais, ces deux sens ont dû rendre à l'homme des services analogues à ceux qu'ils rendent encore aujourd'hui aux animaux, dont quelques-uns, toutefois, ont été beaucoup mieux partagés que lui à cet égard.

Cette dernière observation s'applique aussi aux sens dits intellectuels :

L'aigle a la vue plus perçante que la nôtre ; le lièvre l'ouïe plus fine ; la chauve-souris le tact plus délicat ; mais ces prépondérances relatives n'ont souvent lieu qu'aux dépens d'autres sens ou d'autres facultés, et résultent quelquefois de l'exercice répété, de l'éducation spéciale du sens. Ainsi, chez le sauvage, la prééminence sensoriale ne saurait avoir d'autre cause que cette dernière.

Mais il ne faut pas confondre deux choses essentiellement distinctes, l'acte sensorial lui-même et les idées qu'il est destiné à éveiller. C'est ici, en effet, où la bête s'efface pour faire place à l'homme.

Aux idées simples fournies par les sens et formées des éléments, comparaison et jugement, ont succédé des idées composées ; aux représentations matérielles, aux idées concrètes, les représentations de la mémoire et du raisonnement, les idées abstraites. De même aussi, les pures incitations de l'instinct ont donné naissance à l'affection ; ce qui n'était qu'un besoin, est devenu un sentiment ou une passion. La transmutation sera d'autant plus complète, l'âpreté primitive d'autant plus émoussée, que la civilisation, elle-même, sera plus avancée, que la force nouvelle aura plus de puissance, que l'antagonisme sera mieux dessiné. Car la civilisation est comme la mode, elle tend à défigurer l'homme, et quelquefois, comme elle, à le ridiculiser.

Ces penchants primitifs, qu'on les nomme instinct, affection, passion, se sont donc ébattus en toute liberté, jusqu'à ce que la civilisation ait pu les atteindre et les soumettre au joug du devoir.

Le tien et le mien, c'est-à-dire ma propriété et ta propriété, mes intérêts et tes intérêts, mon bonheur et ton bonheur, furent les premières causes de dissentiment entre les hommes réunis en société. Le plus fort d'entr'eux fut le maître, mais l'on s'aperçut bientôt que le plus fort n'était pas toujours le plus juste, et le droit légal fut substitué au droit brutal ; la loi remplaça la violence, la législation déplaça la nature. Dès lors, chacun dut pourvoir par lui-même à la satisfaction de ses besoins et de ses plaisirs, et dut respecter chez autrui ces mêmes droits dont il jouissait. La ruse, la fraude et le vol, qui n'étaient qu'un moyen de s'approprier le nécessaire ou l'agréable, devinrent un crime dès qu'ils avaient pour objet de dépouiller un des semblables. Les droits et les devoirs furent soumis à des règles arrêtées à l'avance. La morale était inventée, et les préceptes de Confutzée recevaient dès lors une sérieuse consécration.

Il est une obligation inévitable à laquelle les nations, de même que la plus petite agglomération d'hommes, ne peuvent s'empêcher de souscrire, c'est la remise des intérêts communs entre les mains d'un seul ou d'un petit nombre d'individus. Que ce chef soit roi, pontife ou citoyen, ou qu'on le décore de tout autre nom, de tout autre titre, qu'il soit chef temporel ou spirituel, ou l'un et l'autre à la fois ; qu'il soit le plus fort, le plus habile, ou le plus sage, il n'est pas moins vrai que tout état social a besoin d'un gouvernement, d'une organisation quelconque pour exister.

Cette nécessité de concentrer entre les mains d'un petit nombre d'individus les intérêts de tous, dut se faire sentir dès que les hommes furent assez nombreux pour constituer une simple peuplade. Le pacte social qui s'établit entre eux fut bien simple sans doute, mais il contenait en germe la plupart des nombreux rouages administratifs des temps modernes.

Ce n'est pas sans un sentiment de respectueuse sympathie que nous nous reportons à ces premiers âges du monde, où le chef, souvent le doyen de la tribu, rendait la justice sans appel, assis au seuil de sa tente, en présence de la famille assemblée sous une voûte de verdure. Là, pas de lois inextricables, pas de ces grandes phrases, de ces appels aux passions, de ces subterfuges de l'éloquence mis au service de la mauvaise foi. La conscience seule était consultée, et seule elle prononçait la sentence qui devait absoudre ou condamner ; car en ce temps de l'âge d'or, la parole était tout simplement l'expression de la pensée. Ce n'était pas alors, ainsi que vous le voyez, le règne des avocats.

Ce n'était pas non plus, au reste, celui des médecins, car la plupart des maladies étant le résultat de la civilisation, elles durent être d'autant plus rares que l'homme se rapprochait davantage de son berceau. Aussi sommes-nous tous d'accord sur la longévité extraordinaire des races anciennes. L'homme, en effet, n'est pas plus né maladif, qu'il n'est né méchant. Dieu nous a donné le bien, à nous seuls nous devons le mal.

Le premier sentiment qu'éprouva l'homme déposé sur le globe, et jouissant de la plénitude de ses fonctions, dût être un profond étonnement mêlé de crainte auquel succéda bientôt la réflexion. Dans le chaos d'idées qui vinrent l'assaillir à la fois, il dût chercher à démêler, comme le dit Buffon, ce qui lui rendait sensation pour sensation, et déjà il put établir cette grande délimitation : ce qui est moi et ce qui n'est pas moi, et, dans cette seconde catégorie, une nouvelle division : ce qui m'entoure et que je puis saisir ou essayer de m'approprier, et ce qui est placé au-dessus de ma tête, et où mes mains ne rencontrent que le vide.

Il put remarquer encore, dès le premier jour, que des corps qu'il savait déjà étrangers au sien, les uns étaient immobiles, il les retrouvait toujours à la même place ; les autres, au contraire, changeaient d'aspect en même temps que de lieu, et cela sans qu'il se déplaçât lui-même. La réflexion aidant encore, il dut faire une distinction dans ce mouvement, selon qu'il était spontané ou provoqué.

Ce fut ainsi que, par comparaisons, jugements et déductions, il dût, sinon s'expliquer du moins se rendre un compte quelque imparfait qu'il fût de sa situation, Après avoir, à l'aide des éléments que nous avons déjà indiqués, pris une connaissance sommaire de l'univers, il dût faire un retour sur lui-même , et se demander qui il était? d'où il venait? où il allait? il dût s'interroger à son tour et apprendre à se connaître.

Venu le dernier sur la terre, l'expérience des animaux avait pu lui profiter, et ce furent là ses premiers instituteurs, sinon ses premiers modèles. Mais ce que ceux-ci ne purent lui enseigner c'était l'usage de ses facultés intellectuelles.

Aux idées du premier et du second dégré dont nous l'avons vu possesseur, il ajouta bientôt un autre ordre d'idées plus élevées et plus abstraites, celles du temps, de l'espace, d'un commencement, d'une fin, celle de l'infini, etc.

« L'homme se distingue des animaux, dit Virey, en ce qu'il connaît Dieu et la mort. » Il s'en éloigne surtout, à notre avis, en ce que son intelligence est indéfiniment perfectible, et qu'elle lui permet d'acquérir des notions d'espace, de temps et d'infini, qui sont étrangères à l'animal ; il s'en éloigne encore en ce qu'il jouit des notions innées du bien et du mal, du vrai et du faux, du juste et de l'injuste, et qu'il est maître de céder ou de résister, c'est-à-dire qu'il est en possession de la liberté la plus absolue ; il s'en sépare complètement, enfin, dans cette pensée intuitive de Dieu, et d'un autre monde au-delà de ce monde.

Les premiers hommes, ceux dont l'expérience comptait à peine quelques jours, durent éprouver des frayeurs continuelles, suscitées d'une part par ce principe de conservation que la nature avait déposé dans leur sein, et, d'autre part, par les ennemis de toute sorte dont ils étaient environnés. Les grands phénomènes d'une nature plus tourmentée que de nos jours, les orages, les inondations, les volcans, les tremblements de terre, en les tenant constamment inquiets, leur inspirèrent l'idée d'une puissance invisible plus forte que la leur, et à laquelle ils étaient fatalement soumis. Une faculté encore endormie leur disait déjà, à voix basse, qu'au-delà et au-dessus de ces montagnes où s'égarait leur vue, qu'au-dessus et au-delà de ces mers sans fin, qu'au-dessus et au-delà de ces nuées embrasées par la foudre, qu'au-dessus et au-delà même de ces nombreuses étincelles qui brillent au firmament, il devait y avoir un grand organisateur, un grand maître, auquel tout est soumis, et comme l'expérience leur enseigna bientôt qu'il y a sur la terre du bien et du mal, et que les causes qui président à leur inégale répartition sont souvent occultes, ils durent, dans la faiblesse de leur intelligence, les attribuer à un ami ou à un ennemi, à un bon ou à un mauvais génie. De là à la prière, aux sacrifices, aux pratiques plus ou moins superstitieuses, il n'y eut qu'un pas à faire, et il fut bientôt franchi. Ce fut là l'origine des religions qui ont fait tant de bien et tant de mal, comme la cause qui les avait elles-mêmes provoquées. On conjura le malin esprit par des amulettes, des gri-gris de toutes sortes ; on se rendit le bon esprit favorable, comme on se rend encore les hommes favorables aujourd'hui, par des présents, par des prières.

Tel est, disons nous, l'origine de ce puissant moyen qui devait un jour ou moraliser l'homme en le rachetant de l'esclavage, ou l'abrutir en le courbant sous le joug de l'absolutisme et de l'ignorance.

Mais nous sommes loin des temps primitifs et l'instinct religieux, l'intuition de Dieu parle assez haut, ici, pour que ceux auxquels les oreilles de l'esprit ne font pas défaut puissent l'entendre.

Je doute qu'il existe encore sur la surface du globe, quoi qu'on en ait dit, une peuplade qui n'ait aucune idée de Dieu. Qu'ils l'adorent sous quelque forme que ce soit : animal, fétiche, élément; qu'ils l'affublent des qualités ou des costumes les plus bizarres, tous les peuples s'accordent dans ce grand principe, et cela devait être, puisque ce n'est pas l'éducation qui nous l'enseigne, mais quelque chose de plus et de mieux. Nous le devons à l'intuition innée.

Comment pouvons-nous donc dire, après cela, que l'homme ne soit qu'un animal perfectionné et perfectible ? Voici pourquoi : si nous jugions nos semblables tels que nous les voyons aujourd'hui après 6,000 ans de progrès, nous aurions certes fort mauvaise grâce à leur appliquer une définition si blessante, mais l'homme n'a pas toujours été ainsi. l'humanité a eu aussi son enfance et toutes ces précieuses qualités que je viens d'énumérer n'ont pas toujours été saisissables. L'homme en avait reçu le germe en naissant sur notre globe, mais le temps seul pouvait le féconder, et ce n'eut pas été d'un premier jet que la nature eut fait un Newton, un Humboldt ou un Arago. L'animal naît aussi savant qu'il le sera jamais, à moins qu'il ne s'agisse d'espèces assez voisines de la nôtre pour que l'éducation ait prise sur elles, mais en général, il naît avec une éducation toute faite ; mais l'homme, lui, naît ignorant, et il doit pourvoir lui-même à son éducation. On ne veut pas assez réfléchir à ce qu'a dû coûter d'années, de siècles quelquefois, le moindre progrès ; si on y réfléchissait on se convaincrait que longtemps l'homme s'est tenu près de la bête, et que les hautes facultés morales qu'il avait reçues n'ont pu se développer que graduellement et avec beaucoup de lenteur.

M. Boucher de Perthes, dans ses intéressantes études sur ce qu'il appelle l'âge de pierre, nous initie à quelques-uns des débuts de cette industrie qui parvenait à peine alors à briser un silex pour en faire une arme, elle qui devait un jour révolutionner le monde ! Non la nature, ici encore, n'aurait pu, de toutes pièces, créer un Fulton ou un Jacquart. Elle a toujours et partout été graduée dans ses œuvres, et elle a si peu voulu franchir à la fois plusieurs degrés, qu'elle a fait successivement passer le fœtus de l'homme par les états intermédiaires des quatre classes de vertèbres qui le précèdent avant d'arriver jusqu'à ce roi de la création. Voilà pourquoi nous appelons l'homme primitif un animal perfectionné !

Je l'ai dit quelque part : il semble que tous les êtres créés l'aient été successivement dans le même moule, depuis le plus simple jusqu'au plus compliqué, de manière, toutefois, à y laisser quelques traces des propriétés et des facultés de ses devanciers, dont le dernier venu devait faire son profit.

Respectez les palmiers, dit le Coran, ils sont vos oncles, car Dieu forma le palmier de ce qui lui restait d'argile, quand il fit Adam. Respectez les animaux, aurait-il pu mieux dire, car ils sont vos aïeux, et Dieu ne vous forma qu'avec ce qui lui restait d'argile de la création.

Je me résume. L'homme est né animal perfectionné, parce qu'il résume en soi la plupart des perfections physiques et physiologiques répandues dans le reste de la création. On rencontre bien, çà et là, des supériorités relatives, mais chez aucun l'ensemble n'est aussi parfait.

L'homme est né perfectible, c'est-à-dire civilisable, et cette qualité suffit pour le distinguer des autres animaux et lui assigner une place à part parmi eux. Cette perfectibilité, il la doit, non pas seulement à son organisation physique, mais encore, et surtout, à ses facultés intellectuelles, qui lui assurent le sceptre du monde, et à sa psychologie spéciale, qui lui dévoile à la fois les mystères de sa conscience et lui permet de sonder ceux de l'infini.

Havre, Octobre 1860.